欢迎来到
怪兽学园

______ 同学，开启你的探索之旅吧！

献给亲爱的衡衡和柔柔，以及所有喜欢数学的小朋友。

——李在励

献给我的女儿豆豆和暄暄，以及一起努力的孩子们！

——郭汝荣

图书在版编目（CIP）数据

超级数学课．8，怪诞节大游行 / 李在励著；郭汝荣绘．—北京：北京科学技术出版社，2023.12
（怪兽学园）
ISBN 978-7-5714-3349-9

Ⅰ．①超… Ⅱ．①李… ②郭… Ⅲ．①数学－少儿读物 Ⅳ．① O1-49

中国国家版本馆 CIP 数据核字（2023）第 210380 号

策划编辑：吕梁玉
责任编辑：金可砺
封面设计：天露霖文化
图文制作：杨严严
责任印制：李　茗
出 版 人：曾庆宇
出版发行：北京科学技术出版社
社　　址：北京西直门南大街 16 号
邮政编码：100035
ISBN 978-7-5714-3349-9

电　　话：0086-10-66135495（总编室）
0086-10-66113227（发行部）
网　　址：www.bkydw.cn
印　　刷：北京利丰雅高长城印刷有限公司
开　　本：720 mm × 980 mm　1/16
字　　数：25 千字
印　　张：2
版　　次：2023 年 12 月第 1 版
印　　次：2023 年 12 月第 1 次印刷

定　　价：200.00 元（全 10 册）

京科版图书，版权所有，侵权必究。
京科版图书，印装差错，负责退换。

8 怪诞节大游行

行程问题

李在励◎著　郭汝荣◎绘

北京科学技术出版社
100 层 童 书 馆

怪诞节是怪兽镇一年一度的狂欢节。这一天，每个怪兽家庭都会做草莓蛋糕来庆祝，小怪兽们也会互相交换礼物。阿麦和阿思都为对方精心准备了怪诞节礼物，他们约定到怪兽钟楼前会合。

怪兽钟楼是怪兽镇最古老的建筑，矗立在怪兽镇的中央，钟声响起时小镇的每个角落都听得见。

阿麦的家在怪兽钟楼的东边，而阿思的家在怪兽钟楼的西边，怪兽钟楼离阿麦家和阿思家一样远，都是 1000 米。当怪兽钟敲响 10 下时，阿麦和阿思同时从家里出发了。

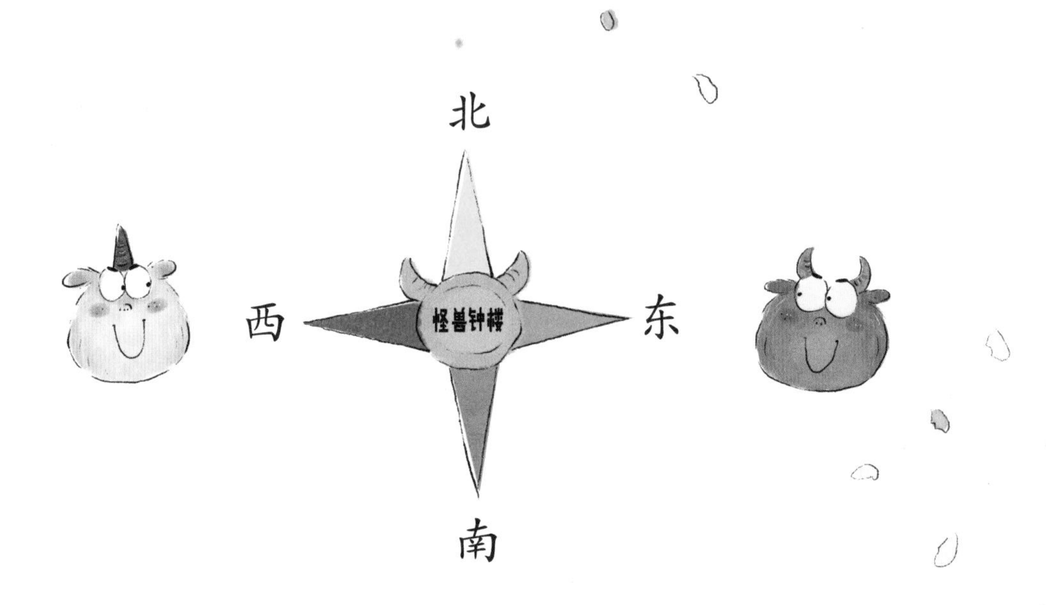

阿思骑着他的新滑板车，5 分钟就到了钟楼下。而此时阿麦正在前往钟楼的路上，手里还拿着吃了一半的草莓蛋糕。他用了 20 分钟才到。

“你太慢啦！我等了你好一会儿，早知道我应该骑着滑板车去找你。”阿思抱怨道。

怪兽钟楼

“假如还按照我们刚才的速度，我到了钟楼再骑着滑板车去找你，咱们会在什么地方相遇呢？”阿思问阿麦。而一旁的阿麦已经迫不及待地开始拆礼物了。

“首先要算一算我们的平均速度各是多少。”阿思还沉浸在解答问题里，正在努力回想上周佩佩老师在数学课上讲的新公式。

“速度 = 路程 ÷ 时间。我们的路程都是 1000 米，阿麦用了 20 分钟，1000÷20=50，他每分钟前进 50 米。而我只用了 5 分钟，1000÷5=200，我每分钟前进 200 米！”

每分钟前进 200 米
每分钟前进 50 米
看来滑板车真是个好东西，我爱死它了！

“我们两家相距 2000 米，你每分钟前进 50 米，我每分钟前进 200 米，咱们如果同时出发并朝对方的方向前进，一分钟后我们之间的距离就缩短了 50+200=250，250 米。”阿思认真分析着。

“天哪！是我最喜欢的怪兽画报！”阿麦惊喜地喊道。原来阿思送给他的礼物是限量版的怪兽画报，上面有他最喜欢的大明星莎莎！

阿思这才反应过来，原来自己刚刚说的话，阿麦一句都没听进去。他虽然很恼火，但还是重新给阿麦分析了一遍。

所……所以，2000 里有多少个 250，就是我们就要走多少分钟，是吧？

没错！2000÷250=8，咱们8分钟就可以见面了。这可比我一直站在钟楼那儿等你快多了。

“我走得快，你走得慢，咱们碰面的地方肯定不是在钟楼了，应该是在离你家更近的地方。”阿思并没有停止思考。

阿麦一头雾水，他有些跟不上阿思的节奏。

“我们还是画一画图吧，我喜欢画图，画图总能让问题一下子变清晰。”阿麦说着拆开了自己送给阿思的礼物，里面是一盒怪兽形状的蜡笔。

阿麦用蜡笔在礼物包装纸上画了一条长长的线，在线的一端画了一个正方形代表自己家，另一端画了一个长方形代表阿思家，又在线的中间画了一个圆——代表怪兽钟楼。

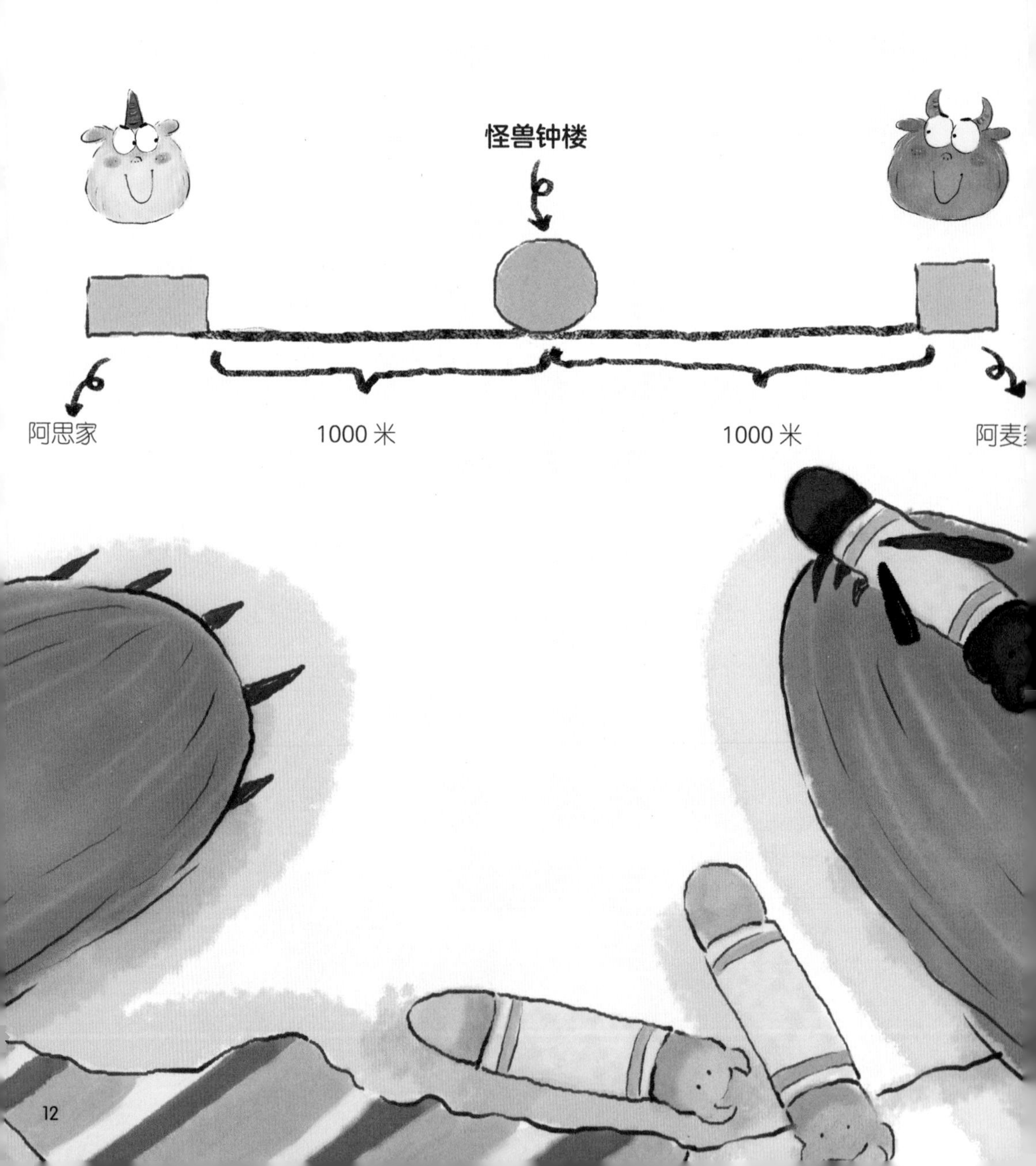

阿思看了阿麦画的图，想了想说：“到了钟楼没见到你，我就会继续向前走，那我们相遇的地方就会在你家和钟楼之间，可以画一个三角形来表示。”

这个三角形把两个小怪兽家之间的距离分成了两部分，一部分是阿思要走的路，另一部分是阿麦要走的路。他们两家到钟楼的距离都是 1000 米，那这个三角形离阿麦家究竟有多远呢？

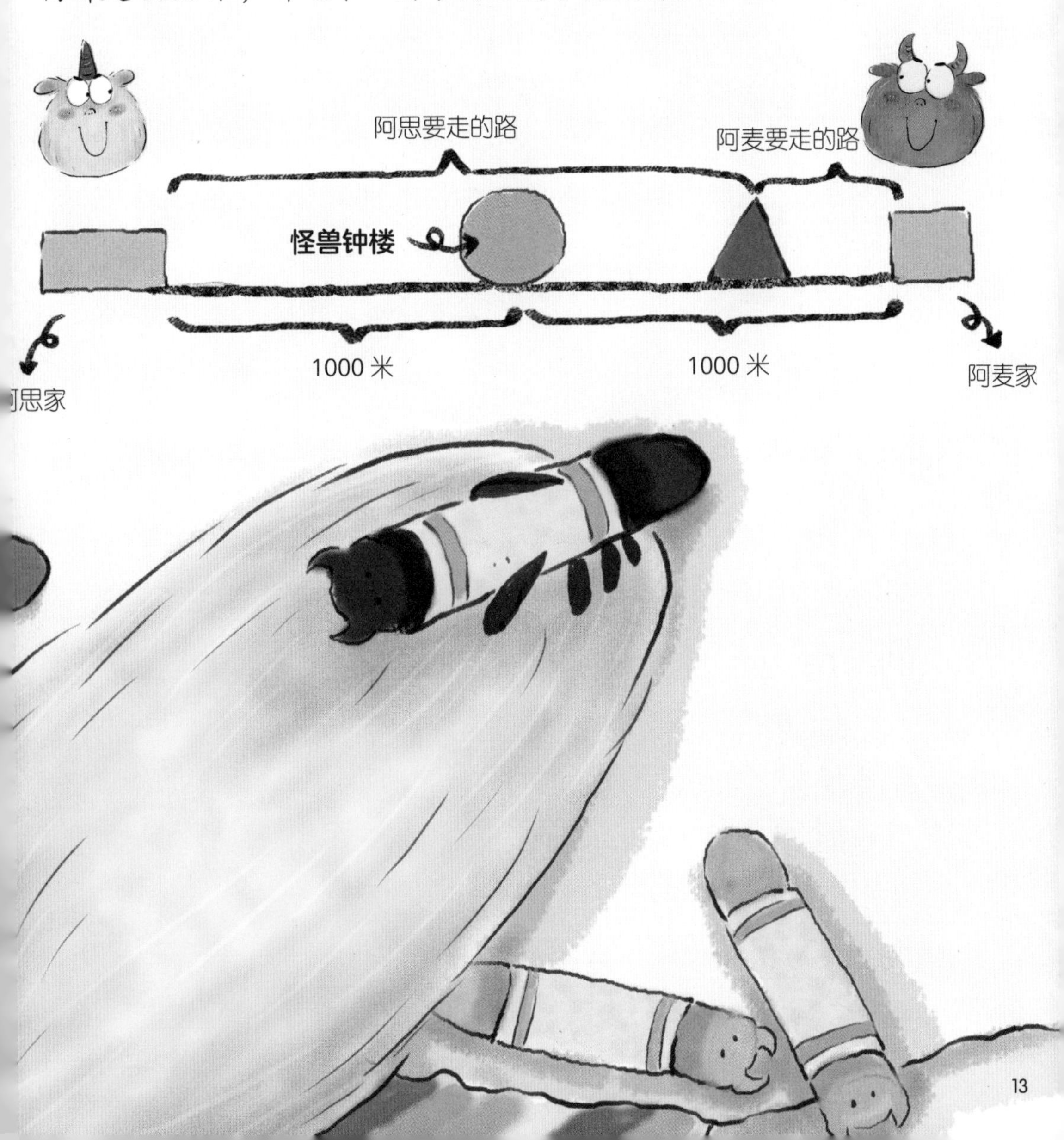

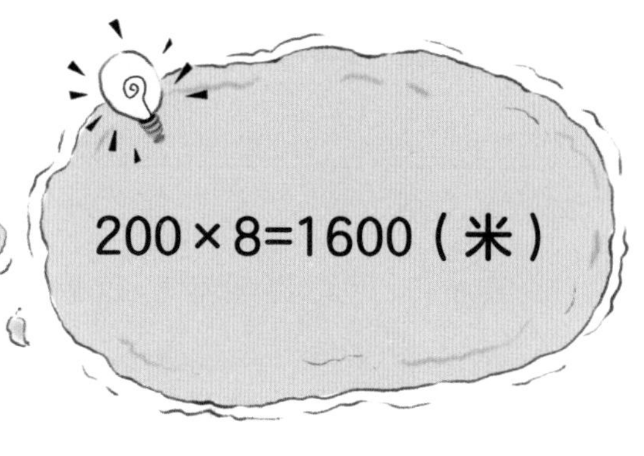

“我们同时从家里出发，相遇时各走了 8 分钟。我骑滑板车每分钟前进 200 米，8 分钟总共走了 200×8=1600，1600 米。你也可以用这个方法算算你走了多远。”阿思说。

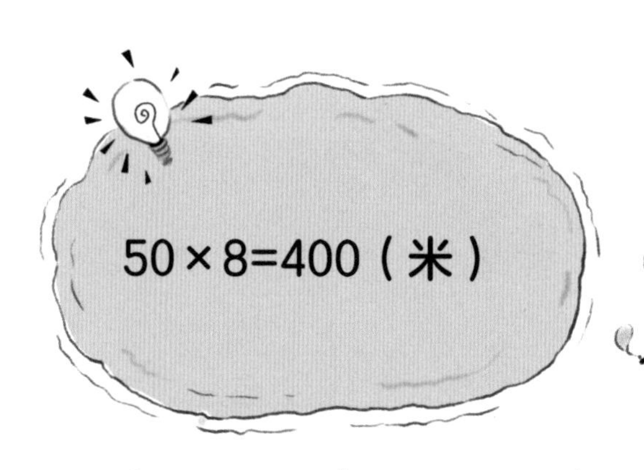

按照阿思的建议，阿麦也算了起来：“我每分钟前进 50 米，那我走的路程就应该是 50×8=400，400 米。也就是说，我们相遇的地点离我家 400 米，离你家 1600 米，对吧？”

“没错，我们可以把这些距离标记在图上。”阿思一边说一边拿过笔画起来，“这样就能看出来，如果我不在钟楼等你而是一直往前走的话，我们相遇的地点距离钟楼应该是1600−1000=600，600米。”

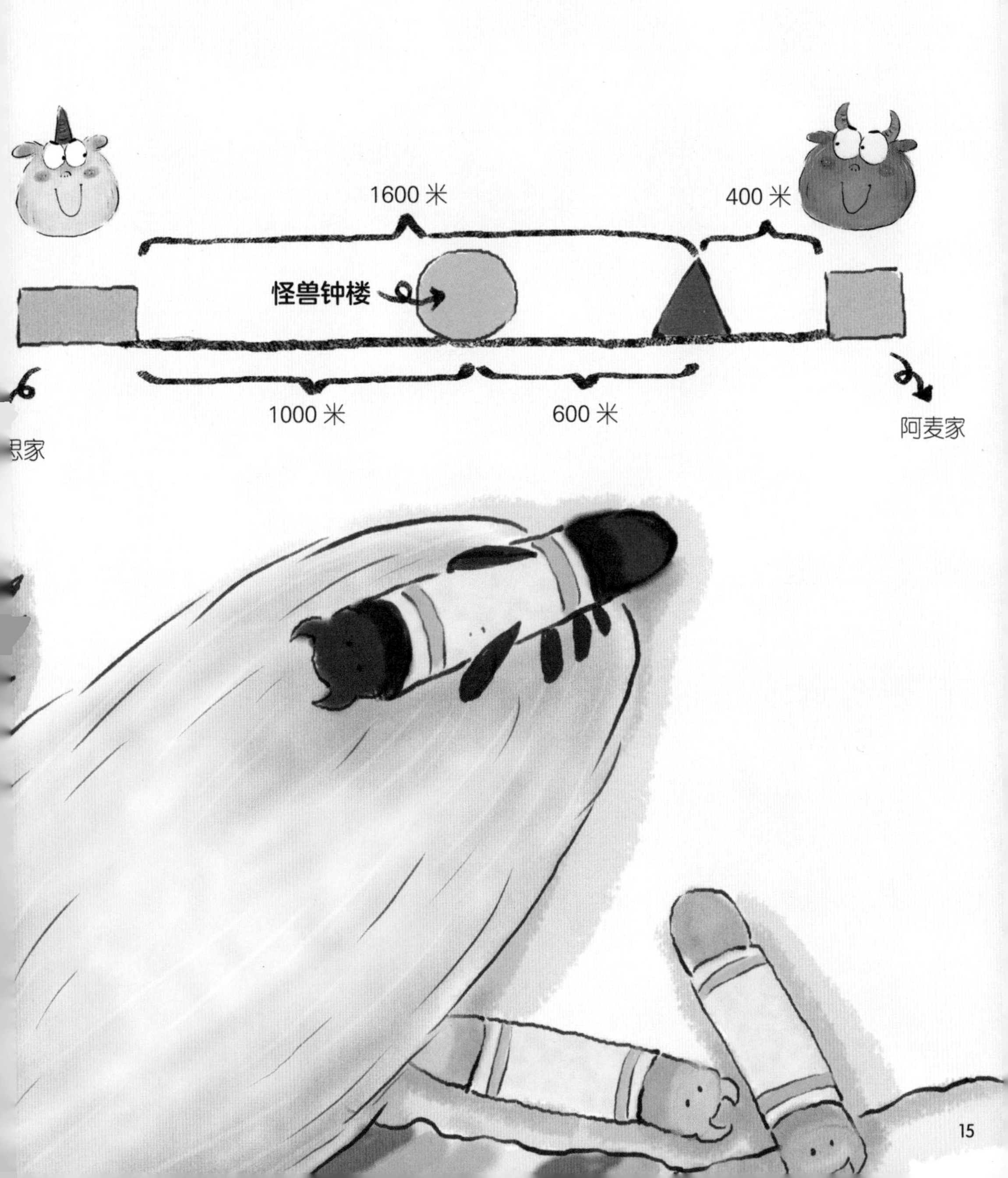

阿麦和阿思既交换了礼物又讨论了问题，不知不觉时间已经过去一小时了，怪兽钟铛铛铛响了 11 下。

阿麦和阿思听见钟声才意识到时间不早了，他们得出发去天使广场看表演了。每年的怪诞节，天使广场都特别热闹，有好吃的、好玩的，还有小丑表演。阿麦和阿思最期待的是中午 12 点整开始的怪诞节大游行了。游行队伍会走遍小镇的每一条街道，经过所有小怪兽的家。

狂欢节
咚！
咚！
咚！

天使广场离怪兽钟楼并不远，只有 600 米。不过，阿麦和阿思有点儿发愁，因为他们一个走路，一个骑滑板车，速度不一样。

“你可以先出发，过一会儿我再去追你。”阿思提议。

阿麦想了想问道：“过多久呢？太久的话也许我都到广场了，你还在路上呢。”

“我们可以好好计算一下，在你到达广场时我正好追上你。然后我们就可以一起去逛小吃摊了。”阿思摸着下巴说。

新的问题来了，阿思怎样才能在阿麦刚到广场时追上他呢?

阿思没有着急，他慢条斯理地分析起来："我们可以算一算咱们从钟楼到广场分别需要多长时间。"

我每分钟走200米，600÷200=3，我只用3分钟就可以到广场。你呢?
每分钟前进200米
600÷200=3（分）

每分钟前进
50 米
我每分钟前进 50 米，600 ÷ 50=12，
我要走 12 分钟才能到广场。

“也就是说，如果我们一起到达，你需要走 12 分钟，而我只需走 3 分钟，这 3 分钟之前的时间我都待在钟楼这里。”阿思拍了拍脑袋说，“我知道了！你比我多花的时间就是我需要等待的时间！ 12−3=9，也就是说你出发 9 分钟之后我再出发，这样我追上你时，你就正好到达广场！”

阿麦多花的时间 = 阿思等待的时间

在考虑清楚之后，阿麦和阿思立刻按照他们的计划向广场出发了。阿麦先走，过了9分钟，阿思再骑着滑板车去追阿麦。在天使广场的入口，他们正好并肩而行。两个小怪兽相视一笑，向前走去。

广场上人山人海，热闹极了，阿麦和阿思吃了怪味棉花糖，喝了变色果汁，看了小丑表演，开心得不得了。

怪兽钟响了 12 下，游行队伍浩浩荡荡地从广场出发了，阿麦和阿思兴高采烈地跟在队伍最后。狂欢节的游行队伍一边表演一边前进，走得非常慢，当阿麦和阿思也离开广场时，时间已经过去 5 分钟了。

游行队伍沿着阿麦和阿思来的路走过了钟楼，当阿麦和阿思也经过怪兽钟楼时，距离他们离开广场时又过去了 30 分钟。这时，队伍后面的阿思神秘地对阿麦说：“你知道吗，游行队伍足足有 100 米长呢？”

阿麦一脸惊讶，他不相信自己的小伙伴连这个都知道。

亲爱的小朋友，你知道阿思是怎么知道游行队伍的长度的吗？

狂欢节
天使广场
天使广场
观景台

补充阅读

行程问题是小学数学中一类关于物体匀速运动的应用题，涉及的情况很多，最常见的是相遇问题和追及问题。不管哪种情况，最重要的因素只有 3 个——路程、速度和时间。这三者的关系是路程 = 速度 × 时间，时间 = 路程 ÷ 速度，速度 = 路程 ÷ 时间。要解答这类问题，关键在于弄清楚物体运动的方向是相同还是相反、出发的时间是同时还是有先后、出发的地点是相同还是不同等。画图是分析这类问题的好办法。

故事的最后，阿思能知道游行队伍的长度是先根据他和阿思从广场到钟楼的情况计算出游行队伍的速度，600÷30=20 米 / 分。

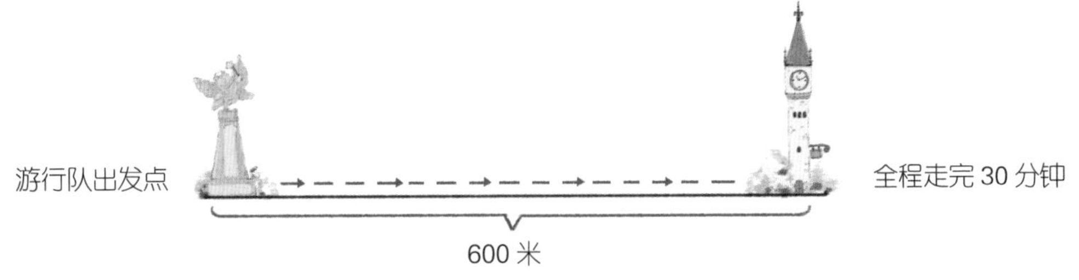

游行队伍的速度：**600÷30=20（米 / 分）**

再根据出发时用了 5 分钟，意味着队伍的长度就是最前方的游行者 5 分钟走过的路程，也就是 20×5=100 米。

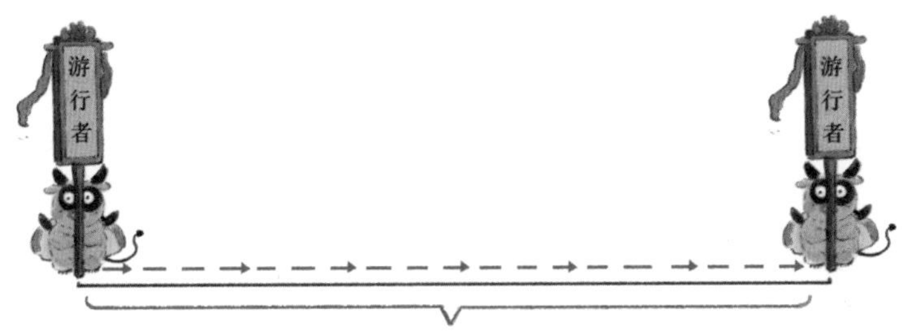

游行队伍的长度：**20×5=100（米）**

拓展练习

1. 蚂蚁窝距大树 20 米，两只小蚂蚁同时分别从蚂蚁窝和大树出发，沿一条直线匀速爬向对方，两只小蚂蚁每分钟分别前进 2 米和 3 米，请问几分钟后两只蚂蚁会相遇？

2. 王叔叔和李叔叔相约去爬山，王叔叔从山下先出发 10 分钟，他每分钟登高 10 米。李叔叔后出发，每分钟登高 15 米，当李叔叔追上王叔叔时他们正好到达山顶，请问李叔叔追上王叔叔花了多长时间？这座山有多高？

参考答案

1. 4 分钟。　　2. 20 分钟，300 米。